훌쩍 떠남

훌쩍 떠남

MY TRAVEL NOTE

청림Life

PROLOGUE

"여행은 일상을 벗어난 새로운 자극"

여행의 순간은 누구에게나 오래 기억하고 싶은 행복한 추억입니다. 사진으로만
추억하는 여행보다는 더 오래 바라보고 천천히 즐기며 기록하는 시간을 더해보
면 어떨까요? 나만의 트래블 노트에 설렘의 기억을 차곡차곡 담아보세요.
멋진 그림이 아니어도 좋아요. 간단한 펜 드로잉이라도 천천히 도전해보세요. 선
하나하나에 순간을 담아 느긋하게 즐기는 여행이야말로 아날로그 감성을 풍성
하게 채워줄 가장 좋은 여행법이 될 거예요.
여행에서 본 것, 먹은 것, 경험한 것들에 대한 소소한 기록을 꾸준히 남겨보세요.
핸드폰으로 찍은 사진을 휴대용 포토프린터로 뽑아 붙이고 그때의 감상을 한 줄
더하는 일도 좋은 추억이 되겠지요.

my travel Note

마이 트래블 노트는 10일 간의 여행 다이어리로 보다 다양하게 여행을 기록할 수 있는 방법을 제안합니다. 반드시 드로잉이나 긴 글이 아니어도 입장권이나 영수증을 스크랩하여 기록할 수 있습니다.
제시된 설명에 따라 하나씩 해보면 금방 응용할 수 있을 거예요. 그대로 따라 해도 좋고 더욱 창의적으로 꾸며보아도 좋아요. 각 주제별로 나뉜 드로잉 공간에는 마음껏 쓰고 그리며 추억을 기록해보세요.

누구나 마음 한구석에 '훌쩍 떠나고 싶다'는 생각을 품고 살아갑니다. 막상 떠나보면 그리 어려운 일이 아닌데 현실은 팍팍하기만 하죠. 여건이 안 된다면 지나간 여행을 추억하며 한 권을 완성해보세요.
언젠가 떠날 새로운 여행을 위해 차근차근 끄적이며 준비하는 것도 일상을 좀 더 색다르게 바꿀 수 있는 방법이 될 거예요.
여러분의 "훌쩍 떠남"을 응원합니다.

-일상 여행가 어슬렁

훌쩍 떠남

MY TRAVEL NOTE 사용법

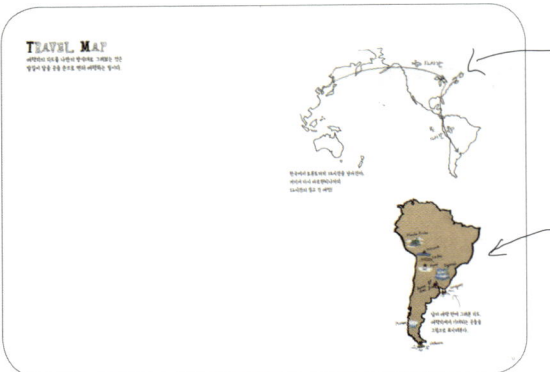

TRAVEL MAP

여행지의 지도를 나만의 방식으로 간단히 그려보세요. 경유지가 있는 먼 여행이라면 여정을 미리 체크해볼 수 있어요.

여행지의 지도 위에 가고 싶은 곳을 지역별로 그려 넣으면 특별한 지도를 만들 수 있을 거예요.

TRAVEL ROUTE

DATE :   WHERE :

하루의 여행 루트를 미리 체크하고 그날의 감상을 그림이나 글로 기록해두세요. 좋았던 날의 기억을 오래 간직할 수 있을 거예요.

박물관, 전시회의 티켓이나 식당, 카페의
영수증, 기념품 엽서나 승차권 등을 스크랩
해보세요.

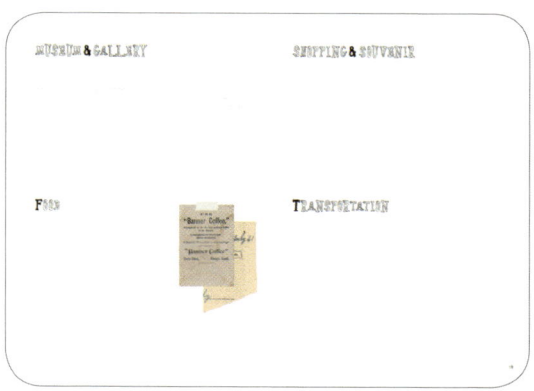

드로잉 공간에는 교통수단, 숙소, 관광명
소, 자연 풍경, 음식 등 여행지에서 기억해
두면 좋을 것들을 그림으로 남겨보세요. 작
가의 그림 위에 컬러를 입혀도 좋고, 그림
옆에 떠오르는 여행의 단상을 적는 공간으
로 자유롭게 활용하세요.

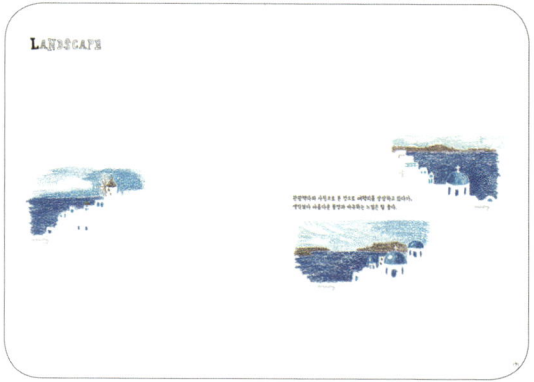

MUSEUM & GALLERY

박물관이나 갤러리, 공연장 등
중요한 랜드마크의 입장 티켓은 중요한 추억이 됩니다.
그 날 방문한 곳의 티켓을 붙이고 다양한 방법으로 기록해보세요.

입장 티켓에는 대부분 가장 중요한 그림이
그려져 있어요. 티켓을 붙이고, 그 안에 있는
그림을 크게 확대해서 다시 그려보세요.

공연티켓이나 영수증을 붙이고
인상 깊었던 공연 장면을
그 위에 덧그려보세요.

방문기념 스탬프가 있다면
이곳에 찍고 그 안에 자신의
캐릭터를 그려 넣어보세요.

입장권을 붙이고
그 건물의 모양을
그려 넣어보세요.

FOOD

여행지에서 빼놓을 수 없는 즐거움 중 하나가 현지 음식을 즐기는 일이지요.
식당이나 카페의 영수증에는 날짜, 장소, 메뉴와 비용이 써 있어요.
모아둔 영수증을 다양한 방법으로 스크랩해보세요.

영수증이나 식당의 명함을 붙여두고
그 위에 음식을 그리거나
메모를 해보세요.

메뉴에 대한 평가를 쓰거나
식당의 평가를 별점으로
표시할 수도 있어요.

상점에서 산 과자의 봉지를 붙이고
모양을 다시 그려보세요.

영수증 위에 식당의 모습을 그리거나
글씨를 따라 써보세요.

SHOPPING & SOUVENIR

상점에서 받은 명함이나 종이봉투, 포장지 등을 버리기 힘들다면
찢어서 붙이고 그림이나 메모를 남겨보세요.
여행지의 사진이 가장 잘 담긴 엽서를 하나 사서 붙이고,
그 사진 안에 자신의 캐릭터를 그려 넣어볼 수도 있어요.
길가에서 주운 꽃잎과 나뭇잎을 노트에 끼워서 말리고, 붙이는 것도 좋은 추억이 됩니다.

상점의 영수증을 붙이고
상점의 모습을 그려보세요.

상점의 명함을 붙이고
기념으로 받은 스티커를 붙여보세요.

TRANSPORTATION

여행지에서 이용한 교통수단의 승차권을 모았다면 하나씩 붙여보세요.
버스, 지하철, 기차, 배, 비행기 등 다양한 이동수단을 같이 그려주면 더 좋은 기억이 될 거예요.

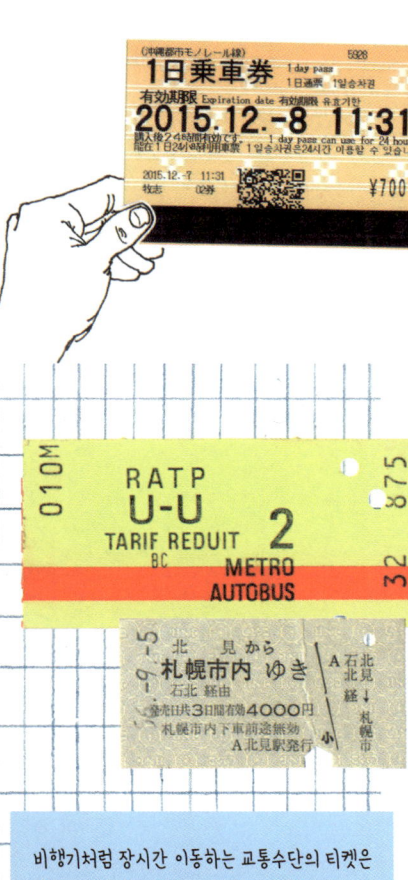

승차권을 붙이고
간단한 기록과 함께 손을 같이
그려주면 재미있는 그림이
완성됩니다.

문얼 페스티벌
이럴껏들의
적혀있으구나...
어시아어 신기하다.

인천에서 모스크바까지 거의 아홉시간의 비행이다.
이런 장거리 비행이 오랜만인듯. 음..? 2009년 이탈리아가 갔던가?
항상 참가 구석자리에 앉다가 가운데 복도자리에 앉으니 완전 노출된것 같아
불안하다. ㅋ
한참도 갔고, 기내식도 먹었고 살아 있을시간동안 뭔가를 해야 할까?

비행기처럼 장시간 이동하는 교통수단의 티켓은
직접 그려보아도 좋아요. 떠나는 시간 동안 느낀
여행의 설렘을 기록해보세요.

여행의 시작

평범한 일상이 조금 특별해졌다면
당신은 여행을 하고 있는 중이다.

TRAVEL MAP

여행지의 지도를 나만의 방식대로 그려보는 것은
발길이 닿을 곳을 손으로 먼저 여행하는 일이다.

✈ 12시간

또
12시간

한국에서 토론토까지 12시간을 날아간다.
거기서 다시 아르헨티나까지
12시간의 길고 긴 여정!

Machu Picchu

Titicaca

La Paz

Uyuni   Iguazú

Buenos
Aires

Uruguay

Moreno

남미 여행 전에 그려본 지도.
여행지에서 기대되는 곳들을
그림으로 표시해본다.

Ushuaia

INFORMATION

여행 국가	
여행 지역	
시차	
화폐 단위/환율	
기후	
종교	
해외 공관 비상 연락처	

숙소명	
주소	
전화	
체크인/체크아웃	

여행을 준비하면서 알게 된 흥미로운 점:

FLIGHT SCHEDULE

	도시	비행날짜/시간	비행편
출발			
환승			
도착			

	도시	비행날짜/시간	비행편
출발			
환승			
도착			

	도시	비행날짜/시간	비행편
출발			
환승			
도착			

CONVERSATION

여행지에서 많이 쓰는 회화 정리하기

여행지의 언어 한두 개쯤은 배워두는 게 유용하다.
"안녕하세요."와 "고맙습니다." 정도여도 좋다.
어떤 여행지에서는 본국과는 다른
그 지역만의 언어가 따로 있을 수도 있으니 미리 알아보자.

스페인어.

Hola (올라) Hello
Perdon (뻬르돈) : Excuse me
Gracias (그라씨아스) : Thanks
Chau (차우) : Bye
Hasta Luego (아스따 루에고) See you later

인도네시아어
뜨리마까시 : Thanks

태국어
싸아디캅 / 싸와디캅,
캅쿤카 / 찹쿤캅

일본어
안녕 : 안녕!
스미마셍 : 미안합니다
아리가또 고자이마스 : 감사합니다
사요나라 : 안녕히 가십시오

중국어
셰셰 : 고맙습니다.

발리어
삭수마 : 감사합니다
마뜨르 : 천만에요.

CHECK LIST

항목	리스트	체크	리스트	체크
중요한 물건				
옷, 속옷				
세면도구				

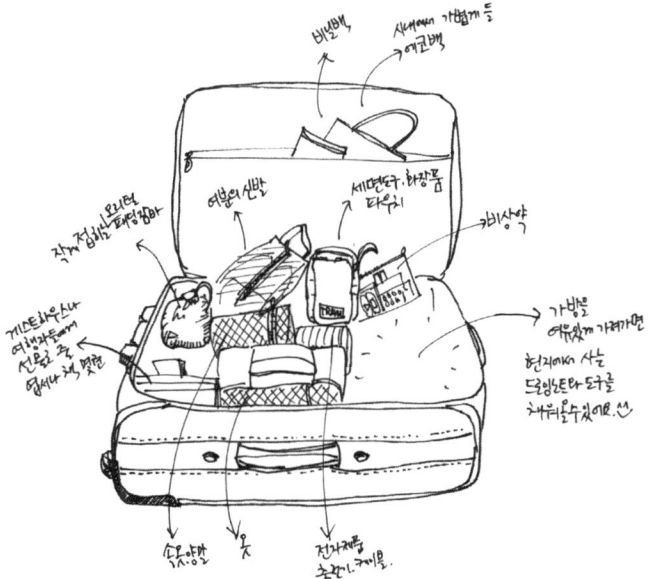

비닐백

새것보다 가벼우니까 등
에코백

여행의 신발

세면도구·화장품
타월

작게 접어서 오리다
태명깊음마

상비약

가방을
여행갈때 가져가면

키드스테운스나
여행자들에게
선물로 줄
엽서나 작은 탑

헌지에서 사는
드림캔토라 되는를
채워올수있어요. ᄊ

슈트야옵

옷

전자제품
총천지. 게임물.

항목	리스트	체크	리스트	체크
전자 기기				
상비약				
화장품				
잡화				
계절용품				

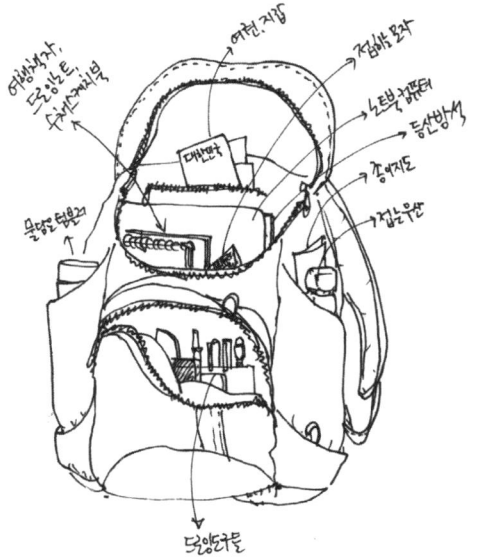

항목	리스트	체크
드로잉 펜		
흰색 겔리롤 펜		
여행용 수채 팔레트		
물붓(Water Brush)		
색연필		
크레용		
마스킹테이프		
등산방석		
챙모자		
바람막이 점퍼		

맥북에어 11"

여권

볼리비아행 비행기표

드로잉 용품
챙기기

○ 수성 오일파스텔
　(네오칼라2)

저그림에 (연필)

WATERCOLOR
ACQUARELLO

수채화용
스케치북

하네물레 드로잉노트

모필 여러개

○ 여행용 수채팔레트

아래에
작은고리가 달려있어서
손가락을 걸수 있어요.

이번 여행의 목적은 무엇인가요?

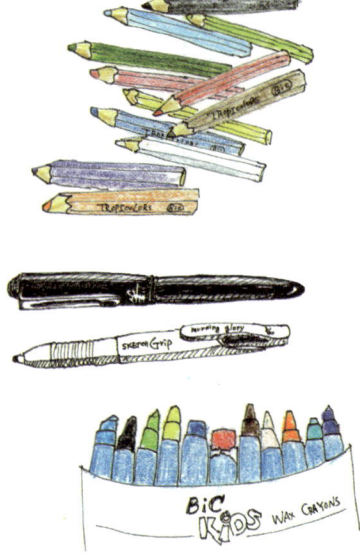

드로잉 여행을 떠나기 위해
만반의 준비를 함.

당신에게 여행이 필요한 이유는 무엇인가요?

익숙한 도시를 벗어나서
떠나고 싶은 순간이 있다.

여행지에서 꼭 방문하고 싶은 곳은 어디인가요?

천문시계탑 위에서 보는 틴 성모교회. Praha

여행지에서 꼭 경험하고 싶은 것이 있다면 적어보세요.

CAFE TORTONI
BUENOS AIRES ARGENTINA
RL

여행 일기

설렘의 모든 기록
쓰고 그리는 나만의 여행 노트

ING.BR: 122288-11 CAP
I.N.P.S. 53537513
A CONSUMIDOR FINAL
P.V.: 0006
No.T.   00726383
06/09/2013   15:40

CAFE $16.00
2X @5.00
MEDILUNA $10.00
TOTAL $26.00
EFECTIVO $26.00
        DECLARADO SITIO
          DE INTERES
       CULTURAL Y TURISTICO
CAJERO 3   #00
SSE0005341   V:1.00

MONTHLY

sun	mon	tue	wed

thu	fri	sat	memo

PLANNER

Date					
AM					
PM					

TRAVEL ROUTE

오늘의 이동순서를 점선에 표시하여 정리해보자.
지도를 붙이고 지도 위에 펜으로 루트를 정리해도 좋다.

DATE :   WHERE :
_____   _____

오늘 여행의 감상을 간단히 적거나 그려보는 것으로 노트가 완성된다.
일기의 제목을 정하고 크고 굵은 글씨로 강조하면 오늘의 느낌을 오래 간직할 수 있을 것이다.

_____

_____

_____

_____

_____

_____

_____

MUSEUM & GALLERY

FOOD

U S E
"Banner Coffee,"
Guaranteed to be the best package Coffee
in the Market.

A combination for Purity and
Flavor unequalled.

A Beautiful Picture Card in every package.

"Banner Coffee"
Once Used, - Always Used.

SHOPPING & SOUVENIR

TRANSPORTATION

沖縄美ら海水族館

TRAVELLING EXPENSES

지출항목	세부내역	금액	원화

TRAVEL ROUTE

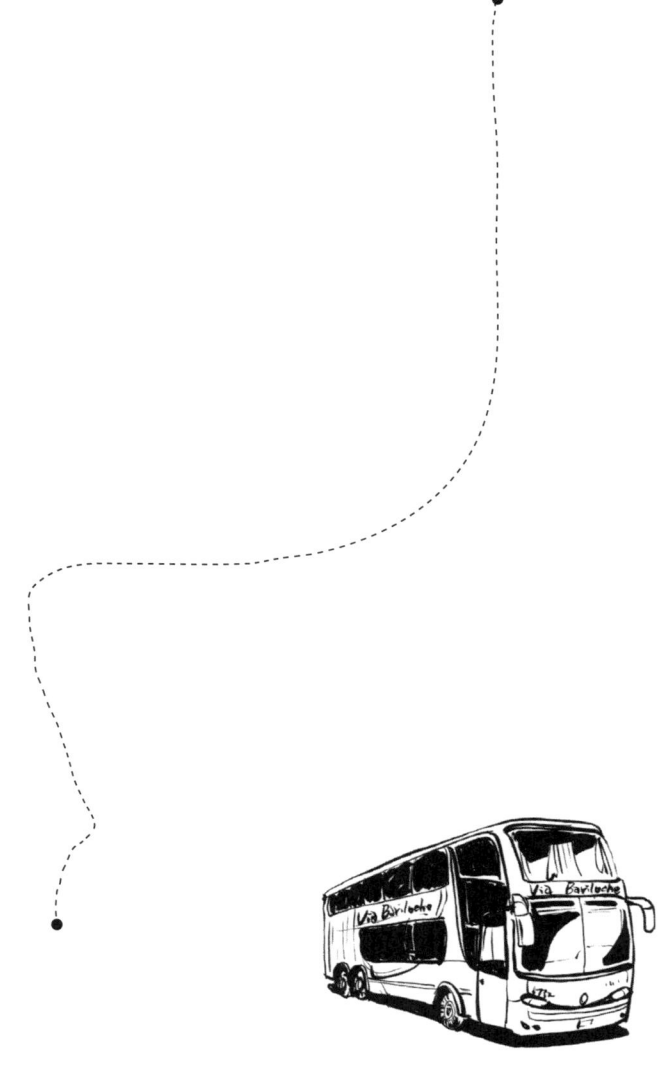

MUSEUM & GALLERY

FOOD

SHOPPING & SOUVENIR

TRANSPORTATION

```
LINEA 64 INT.  10 CH.450
   PASAJE CON SUBSIDIO
   DEL ESTADO NACIONAL
N°000983 SECC. 2I
03/09/13 22:16        $ 3,00
```

오래된 가게.
Florian

TRAVELLING EXPENSES

지출항목	세부내역	금액	원화

TRAVEL ROUTE

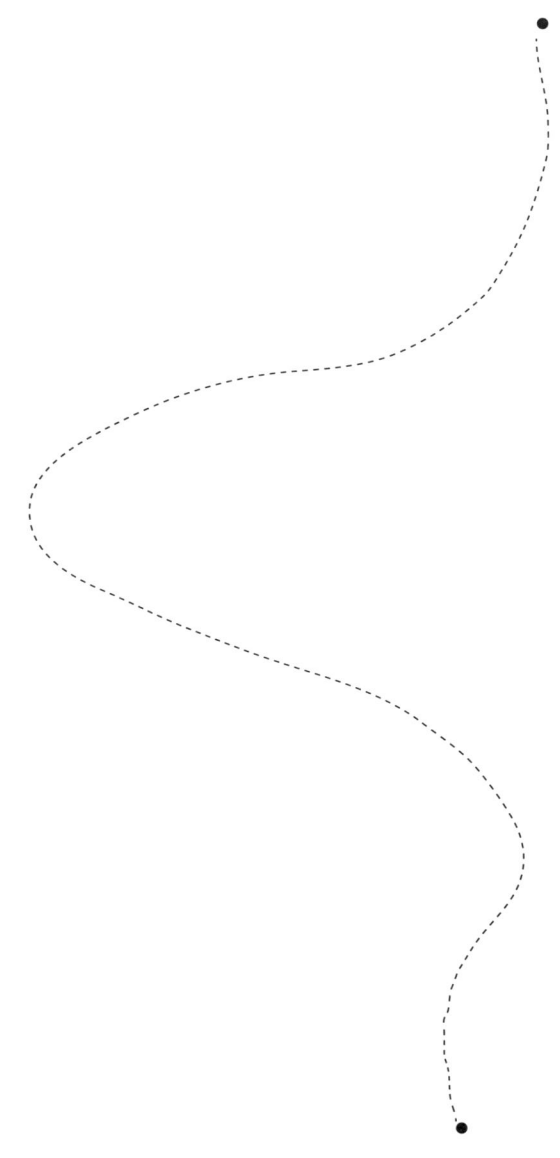

DATE :

WHERE :

MUSEUM & GALLERY

FOOD

General and Special Rate and Water Charges.

Receipt No. 3328

Contributory Place of

RECEIVED this 15 day of July 19__

from Mr.

£ 1 12 : 4 in respect of the items hereon.

Schedule No.   Less Allowance

By Cash
By Cheque   Collecting Officer

ASSESSMENT No.	RATE	
	£ s. d.	£
573	1 7 6	
	4	
	1 3 5 =	

 식당별점

SHOPPING & SOUVENIR

TRANSPORTATION

TRAVELLING EXPENSES

지출항목	세부내역	금액	원화

TRAVEL ROUTE

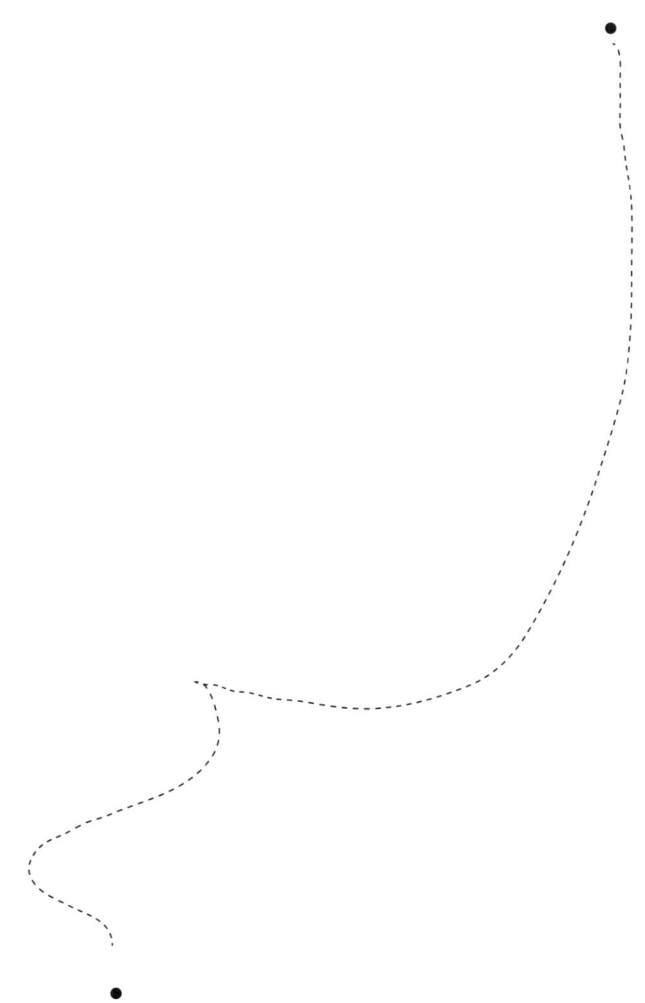

MUSEUM & GALLERY

FOOD

SHOPPING & SOUVENIR

TRANSPORTATION

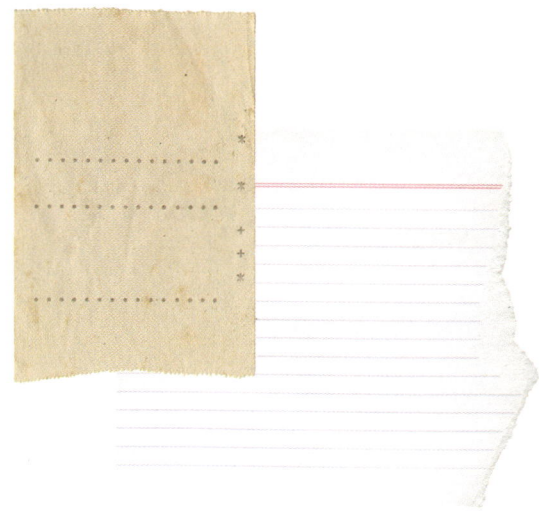

```
CAFE  TORTONI
BUENOS AIRES - ARGENTINA
GRAN CAFE TORTONI SRL
C.U.I.T.:30-53537513-1
AVDA. DE MAYO 825/9
RIVADAVIA 826/32
CAP.FED-TEL/FAX434-4328
IVA RESP. INSCRIPTO
ING.BR: 122298-11
I.N.P.S. 53537513 EX IV
A CONSUMIDOR FINAL
P.V.: 0006
No.T.              00726383
06/09/2003          15:40

CAFE               $16.00
2X  #5.00
MEDILUNA           $10.0
TOTAL              $26.0
EFECTIVO           $26.0
   DECLARADO SITIO
     DE INTERES
  CULTURAL Y TURISTICO
CAJERO 3             #00
SSE0005341        V:1.00
```

TRAVELLING EXPENSES

지출항목	세부내역	금액	원화

TRAVEL ROUTE

NARODOWY
BANK
POLSKI

10
DZIESIĘĆ
ZŁOTYCH

MUSEUM & GALLERY

FOOD

SHOPPING & SOUVENIR

TRANSPORTATION

1

TRAVELLING EXPENSES

지출항목	세부내역	금액	원화

TRAVEL ROUTE

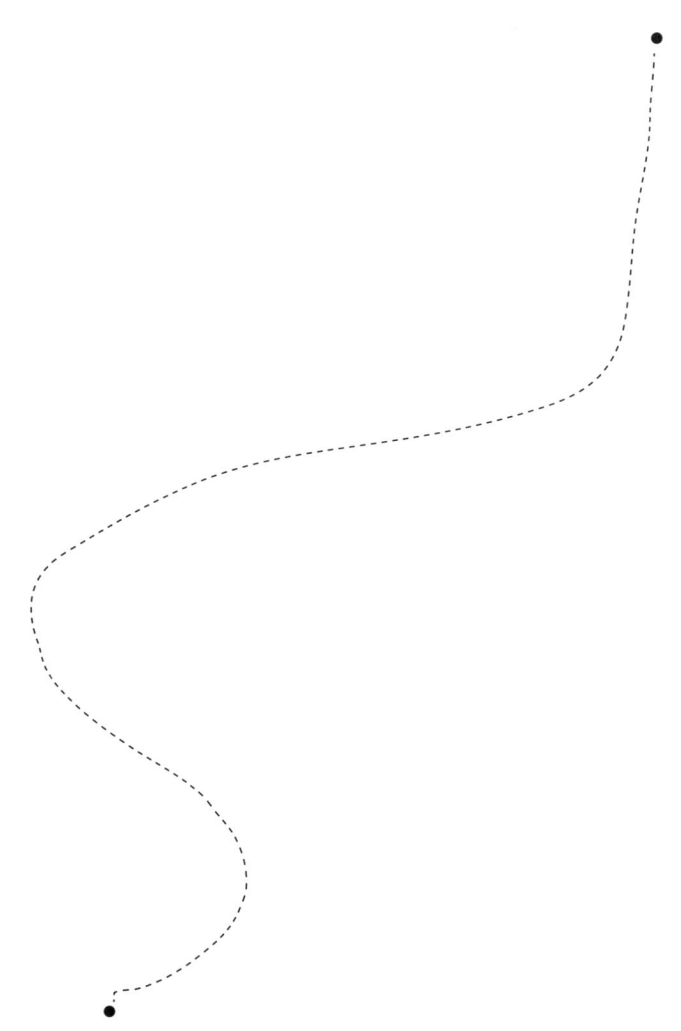

MUSEUM & GALLERY

Historical Highlights of
Somerset House
Guided Tour

AT
SOMERSET
HOUSE

FOOD

SHOPPING & SOUVENIR

TRANSPORTATION

Retiro

TRAVELLING EXPENSES

지출항목	세부내역	금액	원화

TRAVEL ROUTE

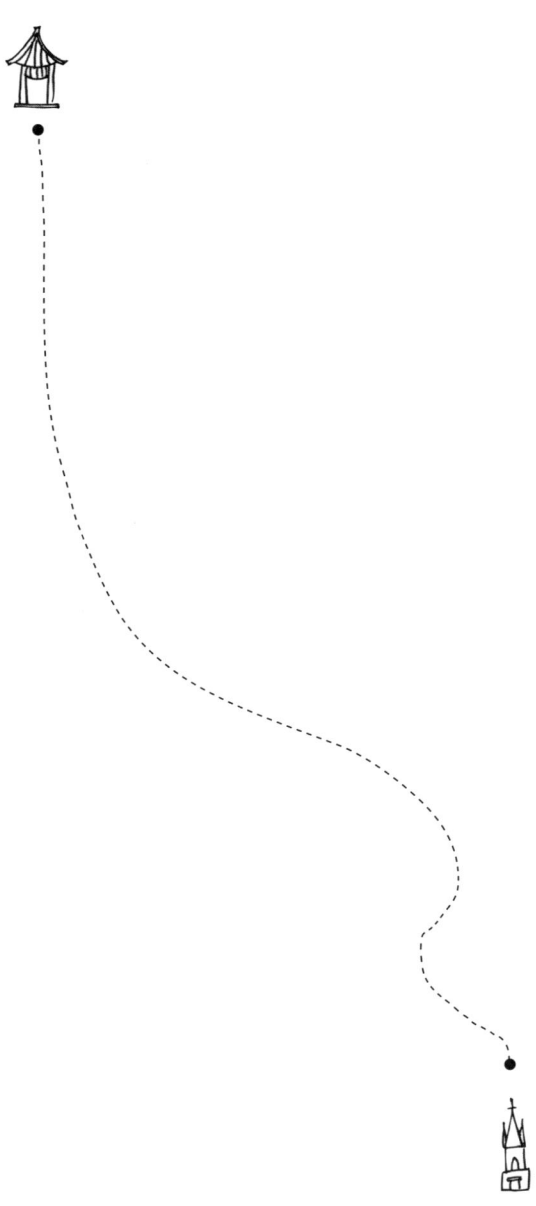

DATE :   WHERE :

MUSEUM & GALLERY

FOOD

SHOPPING & SOUVENIR

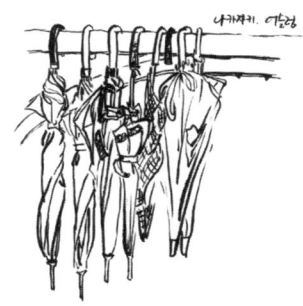

나가사키. 영령

TRANSPORTATION

TRAVELLING EXPENSES

지출항목	세부내역	금액	원화

TRAVEL ROUTE

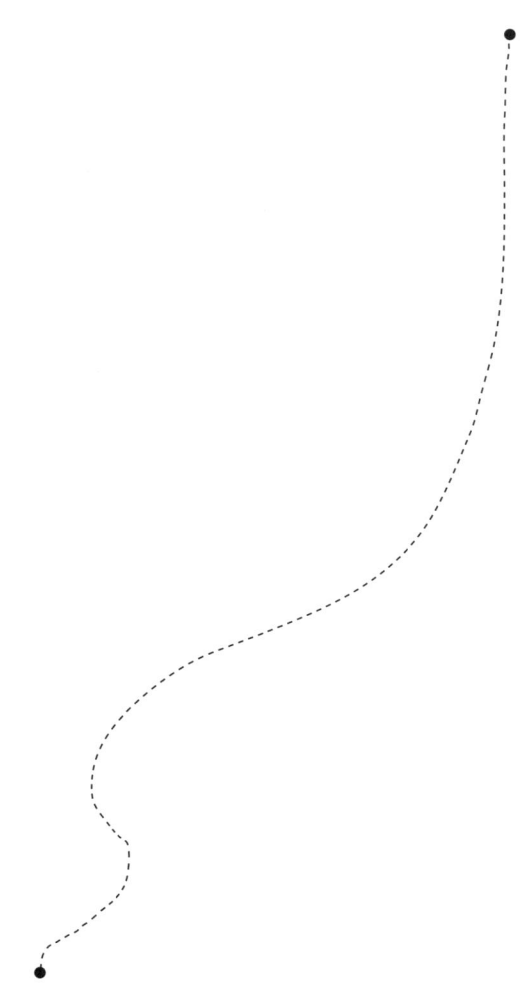

FOR THE EYE

MUSEUM & GALLERY

FOOD

SHOPPING & SOUVENIR

TRANSPORTATION

TRAVELLING EXPENSES

지출항목	세부내역	금액	원화

TRAVEL ROUTE

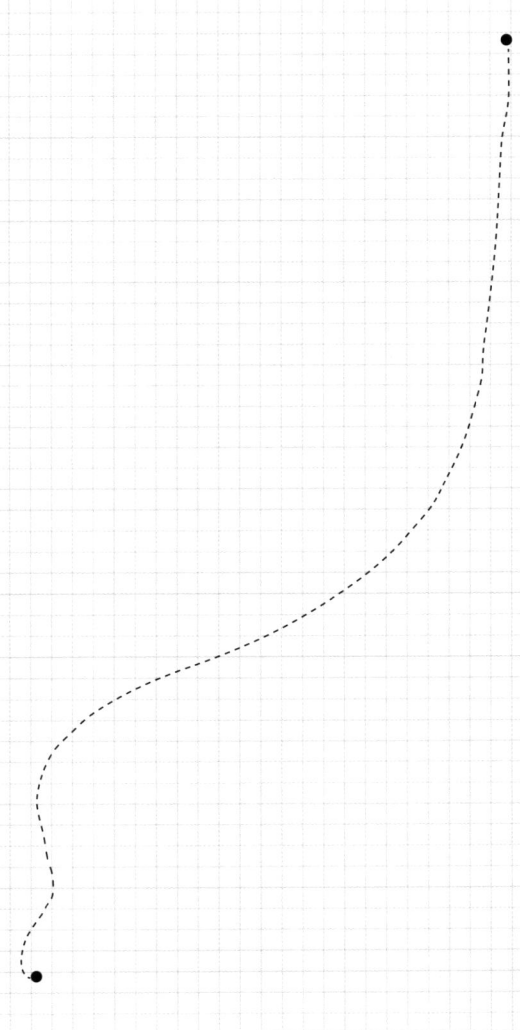

DATE :

WHERE :

MUSEUM & GALLERY

FOOD

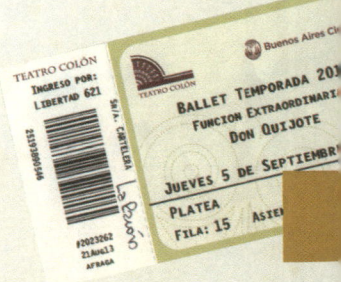

SHOPPING & SOUVENIR

TRANSPORTATION

TRAVELLING EXPENSES

지출항목	세부내역	금액	원화

TRAVEL ROUTE

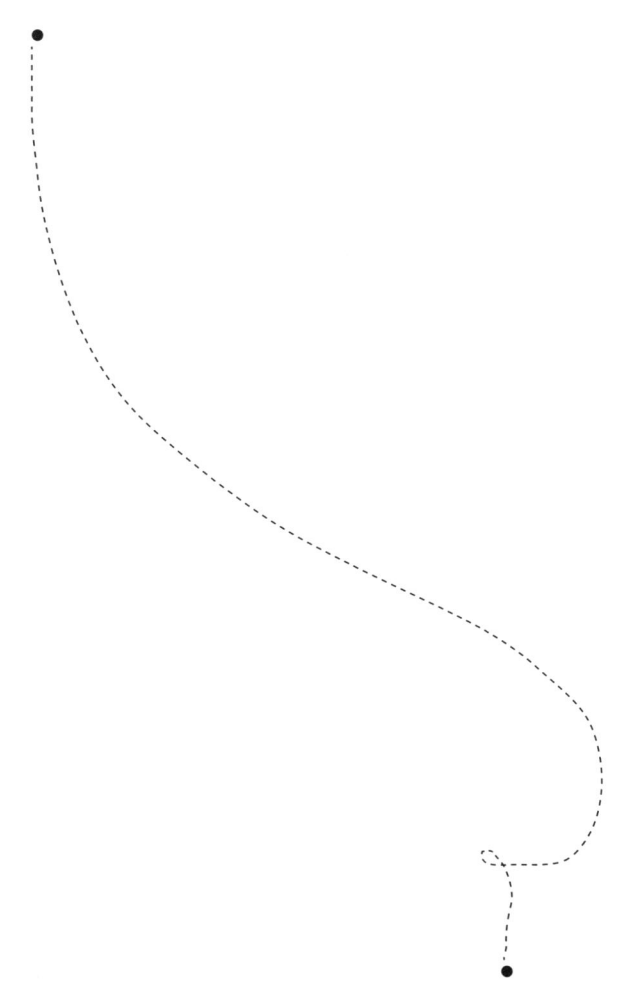

까를교 위에 아저씨밴드, Praha
이든령

MUSEUM & GALLERY

FOOD

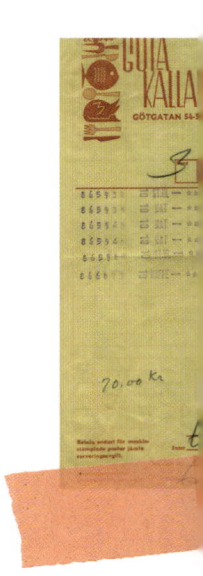

SHOPPING & SOUVENIR

TRANSPORTATION

Chinchero.
PERU

TRAVELLING EXPENSES

지출항목	세부내역	금액	원화

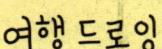

여행 드로잉

천천히 그리고 깊이 바라보기
여행을 기억하는 나만의 방법

CUZCO, PERU

TRANSPORTATION

긴 시간의 비행이나 기차여행은
책을 읽거나 여행 일기를 쓰기에 참 좋은 시간이다.

보딩 패스 붙이기

혼자 하는 여행에서는,
비행기 옆자리에 누가 앉게 될까 잠시 기대하게 된다.
'비포선라이즈' 같은 우연을 바라는 건 아니지만,
아주 가끔은 설레는 마음을 발견한다.

노트에 그려진 그림에 색을 입히며
나만의 그림으로 완성해보자.

공항에는 다양한 인종, 다양한 언어의 사람들이 섞여 있지만
게이트 앞에 다다르면 도착지의 언어와 생김새를 가진 현지인들을 미리 만날 수 있다.
나에게는 훌쩍 떠나는 여행이지만 그들에게는 집으로 돌아가는 순간인 것이다.

첫 번째 도시에서
두 번째 도시로 넘어갈 때,
그제야 나는 과연
이 여행을 잘 해낼 수 있을까 하는
걱정이 시작된다.

펜 그림 위에 색을 입히며
오지 않는 버스를 기다려보자.

여행지에서 많이 타고 다닌
버스를 한 번씩 그려보고
승차권도 붙여보자.

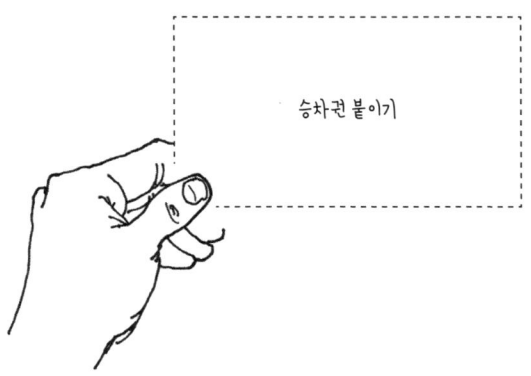

승차권 붙이기

ARRIVAL

숙소에 도착해서 짐을 아무렇게나 던져놓고
우선 침대에 걸터앉으면 그제야 '휴우~' 하고 마음이 놓인다.
더불어 낯선 곳에 대한 묘한 기분에 사로잡힌다.

창밖의 모습과 노트의 여백을
다른 컬러의 펜으로 채워보면
드로잉의 색다른 재미를 느낄 수 있다.

사건과 사고가 없으면 여행이 아니지.
차를 놓치고, 가방을 도둑맞고,
숙소 예약을 잘못하고, 감기에 걸리기까지.
그때그때 문제를 헤쳐 나가며 여행의 경험을 쌓아간다.

海が見える之城家 宿.

처음 도착한 여행지에서 숙소의 주인만큼 의지되는 사람이 또 있을까.
호텔의 직원이든 민박집 주인이든
가장 맛있는 식당과 꼭 들러야 할 곳들을 물어보면서 관심을 표현해보자.
물론 이것저것 묻는 것을 불편해 하는 숙소 주인들도 있다는 것을 명심할 것!

하루 종일 비가 내리는 날은,
숙소에 앉아 지난 여행을 정리하고
앞으로의 여행을 계획하며 여유를 부려보기 좋다.

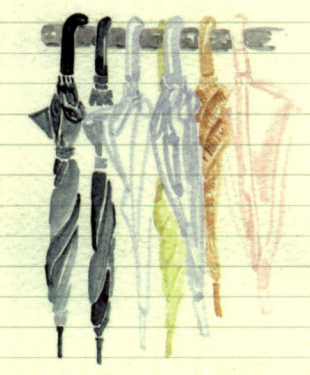

나가자기 골목에서 만난
집앞에 걸어놨던 우산들.
이순영.

STREET

여행을 하며 그림을 그리는 것은
멋진 그림을 남기기 위해서가 아니라,
여행지를 더 자세히 보고 오래 기억하기 위해서이다.

낡고 소외됐던 지역이라도
예술가들의 손을 거쳐 만들어진 아름다운 골목은
그 특유의 색과 향이 있다.

연남동마을시장 따뜻한날꽃 이숙영.

천천히 그리며 만나는 풍경들.
여행지에서의 드로잉은
 여행을 좀 더 풍요롭게 한다.

Torino.

여행의 마지막 날이 다가올수록
가장 좋았던 골목길을 꼽아본다.
아쉬움이 남지 않도록 한 번 더 걸어보기.
처음 보고 느꼈던 것들이
조금은 익숙해지며 새로운 기쁨을 가져다 줄 것이다.

Torino

Thames 강변
National Theatre 근처

가만히 걷다가 문득 이 길을 같이 걷고 싶은 사람을 떠올려본다.
같은 거리라도 다른 공기로 느끼게 해주는 것은 역시 사람이다.

CITYSCAPE

여행지에서 그리는 그림에는
햇빛, 바람, 공기의 냄새, 길거리에서 들려오는 소리,
지나가는 사람들과 나누었던 이야기까지
그 순간의 모든 것이 담긴다.

가로형

천문시계탑 위에서 보는 틴 성모교회. Praha

술탄아흐멧 (블루모스크)
이스탄불. 터키
이순영

Powder Gate (화약탑) 프라하

여행지의 랜드마크 앞에서 찍는 사진은
누가 찍어도 똑같다.
가장 잘 나온 사진은
관광객을 위한 사진엽서에 담겨 있다.
그러니 오늘은 펜을 들고
눈앞에 펼쳐진 것들을 하나씩 그려보자.

스케치로 남긴 그림은
여행 후에 천천히 완성해보자.

Basilica de San Pedro
Vaticani

박물관과 미술관에서 그림을 그리면
전시품들을 더 오래 자세히 볼 수 있다.

Palace of Westminster

야경이 아름다운 도시라고 해서
낮 풍경이 아름답지 않다는 건 아니다.
해가 비치는 오후는 언제나 새롭다.

이슬비

숍팽이 자주찾던 거리   @Miodowa street. 바르샤바.

@Warsaw , Poland

"Work will set you free"

프라하의 봄. 성 바흘라프 광장. 야경

@아우슈비츠 (오시비엥침)

바르셀이 반쯤되면 판테온 앞.

어둠침침 푸른 도나우 강가에는
전생시 군인들에 의해 강의 언덕길도
시민들 기막 신발들의 조형물이 있다.

그녀에자 함께일이 여우 크다..
이곳의
부다페스트, 헝가리

MUR GETTA 1940
GHETTO WALL 1943

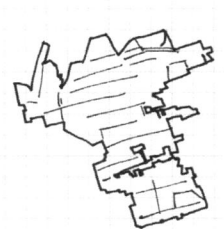

순례의모릿 (블루모스크)
이스탄불, 터키
이슬람

바르샤바에는 도시의 특정지역이 3.5미터의 벽으로
막혀있던 적이 있다고 한다. 36만명의 유대인이 1940년부터 1943년 까지
이 벽 안에 갇혀있었다. 대부분 Treblinka death camp로 보내지거나, 굶어죽었다.
점심먹으러 들가는 식당 옆 테이블에 독일인 관광객들이 있었다. 그들은 무슨생각을
할까.

145

RESTAURANT&CAFE

여행을 하며 가장 행복한 순간은
오랜 시간 그 자리를 지켜온
한 공간의 온도를 느끼며 즐기는 일이다.
삼삼오오 모여든 사람들과
함께 먹고 마시며 그곳을 알아간다.

The Old Shoreditch
Station.

사람들이 바글바글한
관광지 구석에서 발견한 한적한 공간은
왠지 나만을 위해 마련된 곳 같아 반갑다.

잠시 머문 공간을 스케치하고
여행이 끝난 후 컬러링해본다.

햇빛이 내리쬐는
어느 골목의 한 카페에 앉아
창밖 구경하며 졸기.

지금 떠오른 창밖 풍경을 그려보자.

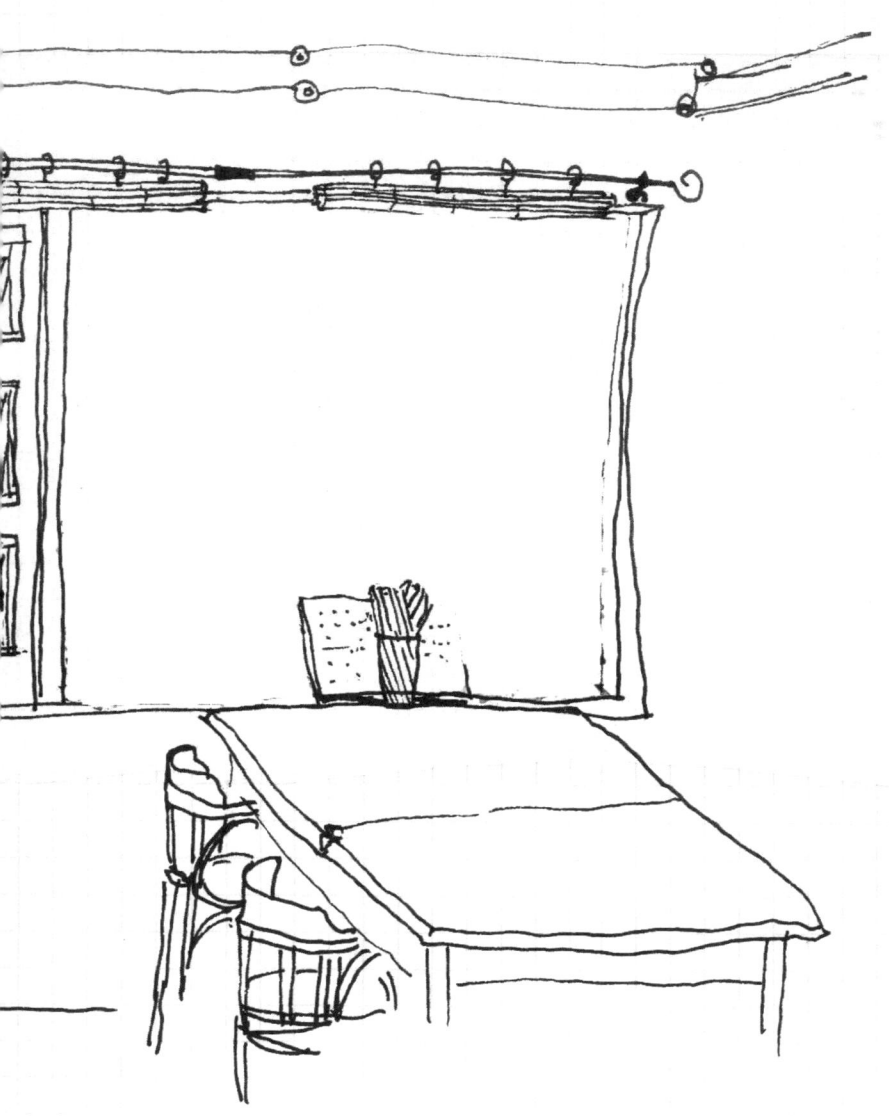

FOOD

여행의 가장 큰 즐거움은 현지의 특별한 먹거리를 체험하는 일이다.
맛의 기록은 언제나 즐겁다.

동네 한 밥을 시작. 있음지않지 않은 실용운 한나라나다보니 한 속제 앉아서 따근듯한지, 생강 누룽지 소풍 따만 가게들이 조인간인 모여있다.
(늦게가 잘렀던 자꾸 인에서) 항라주 가게 아저씨에게 들리는데 러큄건 많다 찾하고를있어나, 영민프린터도 안에서두었다.
(Folha) 잡지 기다려마라소스

나가사키 지붕의
가게에 여러 색을
스케일 잡고 치우고
얻은후, 바닷에
잘 함있으로 웃음
여려왔으나
1박 날겨이
열본 가정식이었반
이라.

여럿째 닭나
요근. 蟬丸
여러 색였고
명반심
너무 본식니까 주다.
교장 그런두 있게 되게 좋다.
바배 바른다. 얘기자에 그러다.
쑥간 시운 밥운 맛으로 뭐 좀 여라.

값의 마신간 t사과 대신지도
한 갔더라. 이들이반 돌고 또 돈아로
좋빛다.

나카사키 백반심.
蟬丸 에서 점심.

+
디저트

훌륭한 맥주나 음료는
여행을 더욱 즐겁게 해준다.

＊Cold Meat Platter
a selection of Ginger Pig
Glazed Ham, Roast Pork
and Roast Beef served with
a selection with
homemade Salads.

THE KERNEL
Brewery London
Pale Ale

2016.04.01
@ Greensmiths

맥주 라벨
붙이기

맥주 라벨을 떼어
붙여보자.

맥주병을
색칠해보자.

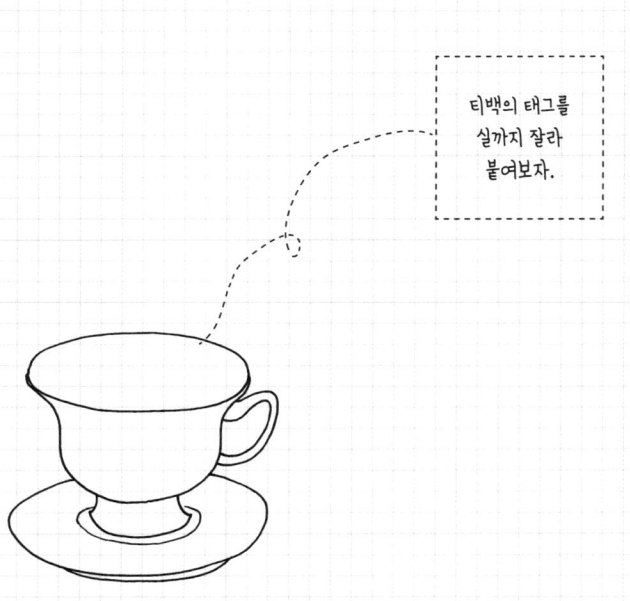

티백의 태그를
실까지 잘라
붙여보자.

Mate차

차 한 잔의 여유를
반드시 누려보기.

맛의 기록은 언제나 행복한 일.
훌륭했던 한 끼 식사를 떠올리며
그림을 그려보자.

Chivito.
URUGUAY

Flamingo Milanesa
UYUNI.

JAMU

GADO-GADO

CURRY

COCONUT

LANDSCAPE

천천히 돌아보는 여행지의 풍경,
남은 것은 한 장의 그림이지만
선 하나하나 내 눈길이 가지 않은 곳이 없다.

Colonia, URUGUAY

Jati. homestay. UBUD. BALI
0_2_0

netstrolling.

관광책자와 사진만으로 여행지를 상상하고 있다가,
생각보다 아름다운 풍경과 마주하는 느낌은 참 좋다.

TITICACA

netstrolling

아침 일찍 깨어 눈에 가득 들어오는 하늘과 바다를 보며 풍요로움을 느낀다.

Santorini Oia, Greece.
아름정

한적한 시골마을에는
이정표나 교통수단이 제대로 안내되어 있지 않지만
직접 찾아가고 발견해나가는 매력이 있다.

Pampas, ARGENTINA

Primrose Hill.
Mi young

조용하고 한적한 숲에 앉아
내 주변에 있는 풀과 나무,
오랜 걸음에 지친 나의 발을 바라본다.

복잡하고 화려한 대도시를 뒤로하고 작은 도시로 넘어오니
아담한 규모에 마음이 끌린다.
몇 걸음 걸을 때마다 골목 사이로 광장이 나오는 풍경도 즐겁고,
골목으로 퍼지는 길거리 악사들의 음악도 정겹다.

자연의 색을 담은 종이 위에
풍경을 담는다.

Glenfinnan viaduct
Highland. Scotland

그린 컬러 위에
숲을 그려보자.

netstrolling
PAMUKALE, Turkey

netstrolling
CAPPADOCIA Turkey

netstrolling
CAPPADOCIA, Turkey

크래프트지 위에
흙이나 바위가 있는 풍경을 그려보자.

내가 본 푸른 풍경을
컬러지에 그려보자.

NIGHTSCENE

뜨거운 한여름 낮을 피해 도시의 야경을 즐긴다.
같은 곳이라도 낮에 비해 훨씬 시원해서 여유롭게 다니기 좋다.

La Paz

이슬링 바벤성, 크다코프, 폴란드

붓펜이나 다른 컬러펜으로
노을진 시간의 풍경을 연출해보자.

저녁에 광장 야외 테이블에서
맥주 한 병 마시면서 야경을 그리고
하루를 정리하는 글을 쓴다.

흰색과 노란색 색연필로
야경을 그려보자.

PEOPLE

동네를 산책하는 지역주민들 사이에 섞여
지나가는 사람들을 구경하고 있으면
이곳이 여행지인지 내가 사는 동네인지
구분할 수 없을 정도로 편안해진다.

FREE
ADVICE

공원에는 저녁 운동 나온 청년도 있고,
개들과 함께 산책 나온 노부부도 있다.
바람이 약간 서늘했지만
그래도 상쾌한 느낌이 좋았다.

Brighton Pier

The Open Market
in Brighton

Jenny

여정이 같아서 잠시 함께 동행했던 여행자와 헤어질 때는
서로를 격려하며 따뜻하게 안아준다.
이 낯선 곳을 혼자 여행하는 사람들끼리의 동질감,
앞으로의 여행에 대한 진심 어린 응원이랄까.

여행 중에 오가며 만난 사람들.
스쳐가는 인연들이 쌓인다.

Brighton
Fringe

거리의 사람들을 그려본다.
가끔은 사람 구경도 즐겁다.

탱가시의 영혼도 "왜왜돋"
나왔던, 고곳 Bar Sur.
얼마전까지만해도 발더걸곳
막껐더던 이웃이. 이제는 단
곳이 되어가는가보아.
오래된 피아노도 운율전자오르
바꿨고.
고래도 옷차리고 땀고 춤과
악기연주, 노래, 그리고 판이
가까이 만날때 이 악수한
공연자들에게 훈훈한, 단발제

감두를 좀더 화려하고
큰 공연장에서 Tango show를
보는 사람들이 앉아지면서
이렇게 작아. 오래된. 곳들이
밀려져 가는 것 같아서 몹쓸래로 있어.
하지만 이 작고 오래된 공간에 꼭찬
이 느낌을 무엇이 대신할까!

MONEY

낯선 여행지의 화폐에는
그 도시만의 이야기가 담겨 있다.

NARODOWY
BANK
POLSKI

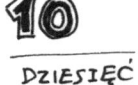

DZIESIĘĆ
ZŁOTYCH

지폐 속 사람이나 그림을 따라 그려보자.
동전도 종류별로 그림으로 담아두자.

여행의 기록

여행의 모든 순간을 기록하며
행복했던 순간을 꾹꾹 담아 간직한다.

이번 여행의 목적은 잘 이루었나요?

여행 중에 가장 좋았던 것을 떠올려보세요.
친구에게 꼭 추천하고 싶은 루트나 음식이 있나요?

이 여행지를 한 번 더 방문한다면
꼭 해보고 싶은 것은 무엇인가요?

여행 중에 가장 보고 싶었던 사람이 있나요?

이번 여행을 통해 새롭게 결심하게 된 일이 있나요?

여행 중에 가장 많이 했던 생각은 무엇인가요?

한국에 도착하면 가장 먼저 하고 싶은 것은 무엇인가요?

당신이 꿈꾸는 다음 여행지는 어디인가요?
왜 그곳에 가야만 하는지 적어보세요.

다음 여행을 위해서는 어떤 준비가 필요할까요?

가고 싶은 여행지 리스트

1
2
3
4
5
6
7
8
9
10

BEST-AIRLINE
N.º 20
No 028638

My Travel Note

훌쩍 떠남

1판 1쇄 인쇄 2017년 2월 20일
1판 1쇄 발행 2017년 2월 27일

지은이 이미영
펴낸이 고영수

경영기획 이사 고병욱
기획편집2실장 장선희 **책임편집** 이새봄 **기획편집** 양춘미, 김소정
마케팅 이일권, 이석원, 곽태영, 김재욱, 김은지 **디자인** 공희, 진미나, 김경리 **외서기획** 엄정빈
제작 김기창 **관리** 주동은, 조재언, 신현민 **총무** 문준기, 노재경, 송민진

펴낸곳 청림출판(주)
등록 제1989-000026호

본사 06048 서울시 강남구 도산대로 33길 11 청림출판(주) (논현동 63)
제2사옥 10881 경기도 파주시 회동길 173 청림아트스페이스 (문발동 518-6)
전화 02-546-4341 **팩스** 02-546-8053
홈페이지 www.chungrim.com **이메일** life@chungrim.com
블로그 blog.naver.com/chungrimlife **페이스북** www.facebook.com/chungrimlife

ISBN 978-89-97195-04-6(13980)